HONDA FIT HYBRID

本田的FIT是擁有優異的奔馳性能和低油耗而大受歡迎的小型車。混合動力車型會視情況分別使用全馬達、馬達加引擎、全引擎行駛，效率十足。

 TOYOTA MIRAI

豐田的燃料電池汽車。在搭載的燃料電池中充入氫氣與空氣中的氧氣，產生化學反應發電行駛，只需充三分鐘左右的氫氣就能行駛約650公里的距離。

NISSAN LEAF

依靠電力行駛的日產小型車。現在是第二代，充電一次就能跑約400公里。配備的剎車系統只需控制踩油門力道的強弱，就可前進或停止。

MITSUBISHI i-MiEV

三菱汽車的小型電動車。除了可在購物中心和投幣式停車場充電外，在一般家庭中也能充電，非常方便。在戶外時，這輛車還能當成電力來源。

NISSAN e-NV200

日產的廂型商用電動車。搭載大容量電池,充電一次最遠能行駛300公里。車子本身還能當蓄電池使用,是備受矚目的運貨送電兩用車。

NISSAN NOTE

日產的掀背式小型客車。在2016年大幅改良系統,將引擎產生的電力蓄積在電池裡面,再利用電池的電力驅動馬達,因此大受歡迎。

HONDA CIVIC TYPE R

以HONDA CIVIC為基礎製造的掀背式跑車。「TYPE R」是本田最高級的跑車款名稱，引擎及剎車等性能都經過提升。

MAZDA DEMIO

馬自達的小型車。以流暢的加速自豪，在市區或高速公路都能享受舒適的奔馳樂趣。此外還採用以攝影機和雷達感應前方車輛或行人的自動剎車系統。

TOYOTA COROLLA Sport

豐田的五門掀背式客車。為追求行駛樂趣所開發的車款，經過特殊設計，能減少過彎道的傾斜度，以及在崎嶇道路時的震動。

SUZUKI SWIFT

鈴木的掀背式小型車。現在是第四代，除了混合動力車外，還有前進或加速時以馬達輔助引擎的中度混合動力車（Mild hybrid）新上市。

 TOYOTA CROWN

豐田具代表性的高級客車,也常用於公務車、計程車或巡邏車。現在是第十五代,官方網站有提供雲端銷售顧問服務,可以跟他們諮詢。

 TOYOTA MARK X

豐田的高級客車,依靠前置引擎後輪驅動的FR(Front-engine, Rear-wheel drive)系統前進。重心稍微偏前,駕駛時擁有獨特的穩定感。

LEXUS

LEXUS是豐田的高級客車品牌，擁有轎車、轎跑車、SUV（運動休旅車）等多種車種。照片中是最高級轎車的LS500h款，以流線形的低車體線條為傲。

NISSAN SKYLINE

天際線（SKYLINE）是日產活躍60年以上的人氣車款，現在是第十三代，為四門轎車。行駛過彎道時的穩定性非常好，也有混合動力的車款。

17 MAZDA ROADSTER

馬自達的雙人座小型跑車,是車頂可以開闔的敞篷車型,自從1989年登場以來,一直很受歡迎。照片中是更加輕量的第四代車款。

18 SUBARU IMPREZA SPORT

速霸陸的跑車型客車。1992年上市,預計於2022年推出第六代(圖片為第五代)。在安全方面下了一番功夫,圖中是日本國內第一款配備行人防護氣囊(Pedestrian Airbag)的國產車。

19 **TOYOTA 86**

豐田與速霸陸共同開發的小型低重心跑車，「86」是豐田從以前到現在的跑車車款名稱，同款車在速霸陸則是以BRZ的名稱發行銷售的。

20 **NISSAN GT-R**

日產的雙門轎跑車。自天際線GT-R獨立成為一個品牌。以逐年改款的方式生產，每年都會進行細部修正，追求更高的完成度。

豐田的SUV（Sport Utility Vehicle，運動型多用途車）之一，具有速度感的車體外形。除了行駛穩定外，還具有優異的安全性，例如：能以攝影機和雷達捕捉前方的車輛和行人，避免碰撞。

三菱汽車的SUV。自1990年代起就持續受到喜愛。擅長行駛崎嶇的道路，多次參加主要在非洲大陸舉辦的達卡拉力賽並且獲得佳績。

23 SUBARU FORESTER

速霸陸的SUV。車輛不會受到路況或天氣影響設計富有巧思,駕駛的方向盤操作很靈敏,能避免噪音及晃動,安靜且平穩行駛。

24 TOYOTA LAND CRUISER

豐田的大型四輪驅動車,適合行駛在未鋪設的道路,耐用性高等優點在全世界備受好評。最新型車可以配合崎嶇道路的情況,將驅動力分配在四個輪子上面。

 TOYOTA SIENTA

豐田的廂式休旅車（座位可以靈活調整的三排座位車）。車款名稱是由西班牙文中代表「7」的siete，以及英文中代表「取悅」的entertain組合而來。

 TOYOTA ALPHARD

豐田的大型廂式休旅車。車內寬敞，座位及內裝也十分豪華，被評為廂式休旅車中的最高等級。巨大的水箱罩（車體前方網狀的部分）是特色之一。

NISSAN SERENA

日產主要銷售給家庭的熱門廂式休旅車，最新型為第五代。有七人座的e-POWER車（引擎發電、馬達行駛）及八人座的混合動力車等。第六代預計於2022年登場。

HONDA STEPWGN

本田的八人座廂式休旅車，馬力強勁且低油耗。第二排座位只有兩個座位，寬敞且可自由調整。第三排座位的乘客從後門也能輕鬆進出，十分方便。

29 SUZUKI WAGON R

鈴木的輕型車（排氣量660cc以下的汽車）。屬於「輕型高頂旅行車」，車頂較高，在車內可以輕鬆移動。目前包括混合動力車在內的第六代都很受歡迎。

30 SUZUKI HUSTLER

鈴木的輕型SUV車，由輕型高頂旅行車和SUV車融合的新型態車款，車輪雖大但動作靈活。車身顏色共有11款，十分受歡迎。

31 SUZUKI JIMNY

鈴木的輕型四輪驅動車。車身小、車體輕，越野性能佳，因此在日本以外也很搶手。此外車子不常改款，一種設計會持續使用很長時間，這點也備受好評。

DAIHATSU TanTo

發的輕型高頂旅行車。車款名
自「大」和「多」的義大利語
nto。正如其名，內部十分寬
，特別是整體的高度超過1.7
尺。

DAIHATSU COPEN

發的敞蓬式輕型車。車款名稱
本是敞蓬車的「KOPEN」，後
定案為「COPEN」。車頂可以
動開闔，敞開時車頂會收進行
箱裡。

HONDA N-BOX

田的輕型高頂旅行車。將後行
廂縮小，讓乘坐空間達到最
。座椅的調整也十分特別，例
：將副駕駛座往前推，人就可
直接從駕駛座移動到後座。

	幫浦消防車	接到火警通報後最先趕到現場滅火的消防車。先利用幫浦的力量，將水從消防栓汲取上來，消防隊員再拉出火源附近的水管，利用大量的水撲滅火勢。
	雲梯消防車	將雲梯往上伸長，救援困在大樓裡的人，並且負責從高處噴水滅火的消防車。雲梯前端附有讓隊員乘坐的籃架。照片中的消防車雲梯可伸長40公尺。

| 37 | 救援車 | 讓救難人員搭乘到災害或事故現場，將困在建築物或車輛中的人救出來，也稱為「rescue車」。車上載著大量救援時會使用到的工具。 |
| 38 | 化學消防車 | 使用在一般幫浦消防車難以滅火的現場，例如：加油站火災等。先在車內混合特殊的滅火劑與水，再從安裝在車體上的放水槍（噴嘴）噴射。 |

救護車

將狀況緊急的患者快速運送到醫院的車輛。在行駛的同時會打開紅色警示燈並鳴響警笛，讓周圍的人知道。車上存放可讓患者躺著運送的擔架。

超級救護車

發生大型災害時出動的特殊救護車。到現場後會將車體往左右擴展，變成臨時急救站。車上備有八張簡易病床。

巡邏車

巡邏街道的警車。接到犯罪或事故通報時，會打開紅色警示燈並鳴著警笛迅速抵達現場。車頂上架高的紅色警示燈，讓在遠處的人也能看得見。

高速巡邏車

主要在高速公路上取締超速的車輛。有時也會追逐違規的車輛，因此常使用容易加速的跑車車款。

 ### 小型巡邏車

主要負責取締違規停車以及巡邏街道，提倡宣導交通安全，常使用照片中這種小型的輕型車款。

 ### 交通事故處理車

交通事故發生時，迅速趕到現場處理並整頓附近交通的警車，同時會以車頂上安裝的電子告示板告知周遭有事故發生。

| 指揮車 | 大型事故發生時，負責在現場指揮，讓其他警車能順利移動的車輛。除了紅色警示燈外，還附有指揮用的平臺跟擴音器。另外也擔任遊行時的前導車。 |
| 機動救援車 | 出動到大型事故或災害現場，救援困在建築物或車輛中的人。車上救援時所使用的各種工具，都收納成為可以立即取用。 |

推土機

以車體前方安裝的大鐵板（鏟刀）挖土，或是將凹凸不平的地面整平。即使是在崎嶇的道路或泥濘的地面，也能夠轉動金屬履帶前進。

油壓挖土機

屬於建築用車輛，能使用前端的挖斗挖掘地面或是將鏟起的砂土裝上砂石車。有各種大小，會依工地現場狀況使用。

輪式裝載機

將推土機或挖土機挖掘出來的砂土鏟起，運到砂石車的車斗上或是別的地方。有很大的輪胎，能在崎嶇的道路前進。

越野傾卸車

車斗上能載著大量石頭或砂土運送的大型車輛。到達目的地後，將車斗抬高使其傾斜，讓石頭砂土快速落下。照片中是超大型傾卸車，車高超過5公尺。

51 越野起重機

把建築材料等重物吊起來運送的車輛。照片上的這種稱為越野起重機，在一般道路也能行駛，且車輛與起重機的操作可在同一個駕駛座內進行。

52 震動壓路機

將地面緊緊壓平的車輛稱為壓路機。其中用前輪微微震動把地面壓平的類型，就是照片裡的震動壓路機。也負責把鋪好的柏油路壓平。

混凝土攪拌車

運送容易凝固的預拌混凝土的車輛。預拌混凝土裝進車斗上的攪拌筒後，會邊旋轉攪拌邊開到工地，到達工地後再將混凝土從車體後方流出，交給混凝土泵浦車。

混凝土泵浦車

伸長臂架與輸送管，把從混凝土攪拌車接收來的預拌混凝土送到需要的地方。臂架可以延伸成任何形狀，能適用在各種工地。

 路線巴士

在固定時間行駛固定路線，並會停靠在巴士站。照片中是主要行駛東京都內的都營巴士。「Non Step Bus」指的是車門設計得特別低，方便乘客上下車的巴士。

 高速巴士

在高速公路行駛長距離，連接都市與都市的巴士，也包括在夜間行駛的夜間巴士。由於乘車時間較長，所以座位通常比較寬敞舒適，有些車上會有廁所。

 觀光巴士

載著觀光客行駛固定觀光路線的巴士,不像路線巴士那樣會停靠在巴士站。為了能輕鬆欣賞四周的風景,座椅位置較高,窗戶也比較大。

 露天巴士

觀光巴士的一種,最上面一層的座位沒有車頂,可直接觀看四周風景。照片中是哈多巴士旗下名為「'O Sola mio」的露天巴士,從後方的車門可以直接走到最上層。

復古巴士

在觀光巴士或路線巴士中，採用古早風格設計的車體，特別稱為復古巴士。有牛頭巴士型或叮叮電車型等。照片中是行駛北海道橫濱市內的「紅鞋號巴士」。

幼兒園巴士

接送幼兒園小朋友的巴士。除了照片中的火車外型，還有貓熊、太空梭等，各式各樣的外觀，很受小朋友喜愛。

 **社區巴士**

讓當地人搭乘前往醫院、超市等方便日常生活所需的小型巴士，巴士設計成老年人能夠輕鬆上下車。車資一趟約100日圓，十分便利。

 **電動巴士**

依靠電力完全不用汽油行駛的巴士，在專門的充電站就可以輕鬆充電。照片中是東京都羽村市第一輛被當作社區巴士的電動巴士「Hamurun」。

 水陸兩用巴士

能夠在陸地及水面上行駛的觀光用巴士。在陸地用輪胎行駛，在水面則用車體後方安裝的螺旋槳前進。照片中是在山中湖上行駛的「山中湖河馬號」。

 叢林巴士

行駛在野生動物園中的巴士。有些巴士可以透過車體側面架設的金屬網餵食動物。照片中是富士野生動物園的大象型巴士。

雙節巴士	是連結兩輛行駛的大型巴士，可以一次運送大量乘客。行駛在車站、公司或活動會場之間。照片中是行駛在千葉市幕張地區的「Sea Gull幕張」。	
拖車巴士	駕駛座與乘客分開的拖車巴士。照片中是往返東京西部JR武藏五日市站與溫泉設施的「青春號」，在日本只有這裡才看得到拖車巴士。	

框型貨車

形狀最普通的貨車。車斗圍著金屬板的車框，行駛時貨物不易滑落，也有部分車種是用布做的篷布蓋著貨物行駛。

廂型貨車

車斗呈箱型的貨車。能保護貨物不淋到雨或沾到灰塵，運送用途很廣。一般是從車斗後方裝卸貨物，但也有些貨車的車廂左右能像翅膀一樣展開。

 汽車運輸車

運送汽車用的貨車。從只載一輛的小型運輸車，到可載八輛的大型運輸車都有。被載的客車就像照片中那樣，由人一輛一輛從後方開進去。

傾卸車

運送石頭、砂土等的堅固貨車。把⑱的油壓挖土機或⑲的輪式裝載機接收到的砂或土，運到工地後再傾斜車斗，一口氣倒下。

 拖車型貨車

駕駛座所在的車廂（照片中黃色的車廂），連接上面只有貨臺沒有引擎、前輪的車廂（照片中黃色後面的拖車）行駛。常常使用在運送大量貨物的時候。

 低底盤拖車

在拖車型貨車中，運送巨大鐵製零件等重得不得了的東西時，所使用的車輛稱為低底盤拖車。車斗高度盡可能降到最低，讓貨物在轉彎時也能保持穩定。

 油罐車

運送油料的貨車。車斗上的油罐裝有汽油、柴油等油料,油罐內會分成好幾個空間,每個空間頂部各有進油口,可以同時運送汽油及柴油等。

 粉罐車

運送水泥等粉狀物體專用的貨車。車斗的槽體下方呈現漏斗狀,這樣特殊的設計容易將粉集中,要取出時就會很方便。

 搬家貨車

運送搬家行李的貨車。一般會使用廂型貨車，保護行李不淋到雨或沾到灰塵。貨車有各種大小以便配合行李的數量。

 郵務車

運送郵件的小型貨車，會在固定時間到街上的郵筒回收信件、明信片，或是配送郵件。特徵是紅色的車體與代表日本郵政的「〒」符號。臺灣的郵務車是綠色的。

| 宅配貨車 | 運送宅配用的貨車。為了讓駕駛能輕鬆拿取貨物，會使用照片中這種駕駛座與貨物室相連，可以自由進出的車輛。這種車名為「walk through」。 |

| COMS | 一人座的小型電動車，用於便利商店的商品宅配等。用一般家庭的插座就可以充電，能夠以最高時速60公里的速度行駛。 |

 計程車

在車站前等地點讓乘客搭乘,並載他們到想去的地方。常使用四門五人座的轎車型。後座車門能從駕駛座自動開關方便上下車。特徵是車頂上的公司名稱顯示燈。臺灣的計程車普遍為黃色。

 UD計程車

單廂型計程車。車身較高且後座車門為滑門,上下車較為輕鬆。UD是Universal Design(通用設計)的縮寫,經過特殊設計,除了一般乘客以外,也適合身障者及年長者搭乘。

31	垃圾車	巡迴街道收取家庭或公司丟棄的垃圾，再運到垃圾掩埋場的車輛。照片中的垃圾車是從車斗後方的門放入垃圾，要卸下時會把門整個抬起，將垃圾推出。臺灣的垃圾車為黃色。
32	高空作業臺車	把載著人的作業臺從車斗往上升，協助高處作業的車輛。這輛車又是其中擁有大型作業臺的車種，作業員和器材等合計可舉起一噸重（1噸等於1000公斤）。

 83 拖吊車

救援或移動因拋錨或意外而動不了的車輛。車上載著汽車零件以及牽引動不了的車輛時使用的各種工具。

 84 道路救援車

救援引擎發不動或是鑰匙鎖在車內的車輛等。有照片中的四輪驅動車，或是旅行車、輕型車等各種車種。

道路巡邏車

巡邏高速公路等道路的車輛。接到事故等通報後，會打開車頂的黃色旋轉燈趕到現場，指揮交通使車流順暢。

警示車

前方道路正在施工或堵塞時，用來告知提醒後方來車注意的車輛。會將標誌高高舉起，讓遠處的人也能看得一清二楚。

 路面清潔車

邊行駛邊清掃馬路的大型車輛，也稱為「掃街車」。能從車體前方灑水並旋轉刷子，將馬路上的灰塵垃圾收進車體內，將地面打掃乾淨。

 灑水車

在馬路上灑水的車輛。灑水除了讓塵埃不會亂飛，在夏天也負責灑水降低路面的溫度。照片中的車輛可以載 8 噸重的水。

89 緊急送電車

電力公司的車輛。車上載著恢復電力用的各種工具，出動到因災害或事故而停電的地區。緊急時會打開紅色警示燈並鳴著警笛趕往現場。

90 瓦斯公司緊急工作車

瓦斯公司的車輛。接到瓦斯外洩等通報後，會迅速趕到現場進行檢查及修復工程。緊急出動時會打開紅色警示燈和鳴笛告知周遭正在趕時間。

運水車

在大型災害等情況發生時，將生活用水運送到停水地區的車輛。水槽後方附有許多水龍頭和水管，可從這裡取水。

排水幫浦車

當豪雨造成河水氾濫、低窪地區淹水時趕往現場的特殊車輛。會將許多連接幫浦的漂浮物（照片中橘色的救生圈）漂在水面上，再把水抽起來排到河川。

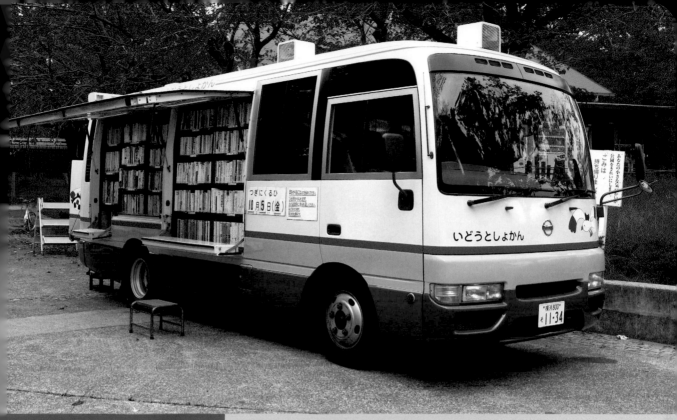

	**行動圖書館車**	前往附近沒有圖書館的地區，代替圖書館的功能。車上載著大量圖書館的書，在特定時間在公園等地方將書借出。又稱為「圖書館巴士」。
	捐血車	在街角或公園等接受捐血（提供手術用途等的血液），並在車上進行採血的車輛。車頂安裝的折疊式大遮陽棚展開後，能做為接待捐血者用的空間。

 電視轉播車

使用拋物面天線，在活動現場將影像傳送到電視臺的車輛。從把聲音和影像直接傳送的車種，到能在車上進行影像編輯的大型車種都有。

 旋轉式除雪車

去除積在馬路上妨礙交通的積雪。除雪時會轉動車體前方紅色部分，將雪收集到車內，再用煙囪狀的滑槽把雪拋得遠遠的。

牽引車

在機場內往來機場建築和飛機之間的車輛。連結裝著乘客行李的貨箱，由於動作靈活，可一次運送大量貨箱。

飛機拖車

以推或拉的方式移動飛機的車輛。有像照片中用長拖桿連接機身移動的類型，也有將飛機前輪夾在車體中移動的無拖桿拖車。

堆高機

常常在港口或機場內裝卸貨物的車輛。將車體前方兩根細長的鐵板（貨叉），伸進專門放貨物的板子（棧板）下面，直接舉起或移動。

火箭運輸車

專門運送火箭的特殊車輛。左右共多達56個輪胎可自由改變方向，整輛車也能橫向移動。會用兩輛火箭運輸車將豎著的火箭慢慢拉動。